思維遊戲大挑戰

漫遊春夏秋冬
日本腦力遊戲書

新雅文化事業有限公司
www.sunya.com.hk

大家好！我是春天少女

我最喜歡
春天！

我是春天出生的春香！很多人都說我的笑容非常甜美！接下來就由我來介紹我最喜歡的春天吧！♥

名字

春香

暱稱

小春

生日

3月3日

星座　　　**血型**

雙魚座　　　A 型

用一句話描述
我的性格……

總是開朗
和樂觀

喔！

春香！

My Favorite──我的喜好：

食物
草莓

花
櫻花

地方
花田

顏色
粉紅色

喜歡做的事
製作花圈

動物
兔子

服裝

**碎花圖案
連身裙**

圖案

心形

化妝品

粉紅色唇膏

飾物

戒指

春天的美好之處

有各種各樣的花卉燦爛地綻放🖤

大家好！我是夏天少女

我是夏天出生的夏紀！很多人都說我活潑開朗！接下來就由我來介紹夏天令人興奮的活動吧！★

我最喜歡夏天！

名字

夏紀

暱稱

小夏

生日

7月26日

星座

獅子座

血型

B型

用一句話描述我的性格……

活潑好動，喜歡熱鬧 喔！

夏紀！

食物
雪糕

花
向日葵

地方
海灘

顏色
藍色

喜歡做的事
看煙花

動物
海豚

服裝
牛仔短褲

圖案
星形

化妝品
指甲油

飾物
耳環

夏天的美好之處

可在海灘或游泳池盡情地遊玩！

大家好！我是秋天少女

我最喜歡
秋天！

我是秋天出生的**秋奈**！很多人都說我**成熟沉穩**！接下來就由我來介紹秋天的美好之處吧！♪

名字

秋奈

暱稱

小秋

生日

10月10日

星座

天秤座

血型

〇型

用一句話描述
我的性格……

冷靜成熟，
我行我素

喔！

秋奈！

食物
蘋果

花
秋櫻
（波斯菊）

地方
**滿布紅葉
的山**

顏色
紅色、黃色

喜歡做的事
繪畫

動物
狗

服裝
皮靴

圖案
絲帶

化妝品
橙色胭脂

飾物
畫家帽

秋天的美好之處

可以吃到美味的時令食物！

大家好！我是冬天少女

我最喜歡冬天！

我是冬天出生的冬美！很多人都說我十分活潑好動！就由我來介紹我最喜愛的冬天吧。

名字

冬美

暱稱

冬冬

生日

12 月 24 日

星座

山羊座

血型

AB 型

用一句話描述我的性格……

俏皮，活潑好動

喔！

冬美！

My Favorite — 我的喜好：

食物
草莓奶油
蛋糕

花
三色堇

地方
溜冰場

顏色
水藍色

喜歡做的事
玩雪

動物
貓

服裝
圍巾

圖案
冰晶

化妝品
香水

飾物
手鏈

冬天的美好之處

**聖誕節及新年這些
熱鬧的節日都在冬天！**

目錄

遊戲玩法

─── 找不同 ───

▶◀ 比較左右圖畫，從右圖中找出不同之處。

▶◀ 比較上下圖畫，從下圖中找出不同之處。

─── 找找看 ───

▶◀ 從圖畫中找出 6 個指定的東西。

備註：本書主要介紹日本的節日及活動，跟香港傳統有較大差異的地方，我們已作適當的說明。

第 1 章

滿載開心興奮！

春天 的活動

我會為大家介紹適合在溫暖的春天參與的
活動，你一定想去參加吧！

春香

不同之處有
5個
容易

 有不同植物會於春天開花，世界各地也會在春天舉辦花展。花卉除了可供欣賞外，也可食用，如日本菜花的莖、葉及花蕾都可食用。

春天是花開的季節，漫天蝴蝶也會來賞花啊！

★ 答案在 148 頁 ★

日本女兒節
宮廷人偶在家中

小知識　3月3日是日本的女兒節，有女兒的家庭會擺設日本宮廷人偶，祈求女兒能夠健康成長。人偶的擺設方式會因地區而有所不同。

今天是女兒節！我們會在家中擺放人偶、吃魚生飯、雛霰（即是米果）來慶祝！

★ 答案在 148 頁 ★

摘草莓，開心又愉快！

小知識 每年 12 月至翌年 5 月是日本草莓盛產的時期，農家會讓客人到草莓田親身採摘，並品嘗不同品種的草莓。

草莓是春天的時令水果，這時候採摘到的新鮮草莓是最香甜的！

★ 答案在 148 頁 ★

4 到 潮退 的海岸，掘蜆探索！

 潮退時我們才可以在沙灘上掘蜆。春天的潮汐漲退幅度較大，下午會出現大潮退。不過，預先查明潮汐漲退才出發，會較安全。

嘩！很多人都在掘蜆呢！沙灘上除了沙蜆，原來還有很多小蟹！

★ 答案在 148 頁 ★

5 在盛開的櫻花樹下賞花

小知識 櫻花樹的品種繁多，盛開的月份各有不同，但花期都很短。櫻花花瓣除了常見的白色和粉紅色外，還有黃色和綠色！

春天是花季，世界各地都有不同的賞花活動。在日本每年 3 月至 4 月，大家會到櫻花盛開的地方賞花。

★ 答案在 148 頁 ★

 復活蛋是復活節的象徵，人們會在蛋殼塗上繽紛的色彩，用來玩「尋彩蛋」活動；蛋殼裏的蛋白和蛋黃最好就用來做蛋包飯了！

復活節是西方的重要節日。尋彩蛋活動令節日的氣氛更高漲！

★ 答案在 148 頁 ★

○○○小學

開學禮

 小知識　日本學校的開學禮是在 4 月舉行，而香港學校則跟歐美等地一樣，於 9 月開學，翌年 7 月結業或畢業。

從今天開始，我是小學一年級學生了！
我帶着一個新書包上學，希望可以認識
到新朋友吧！

○○○小學

開學禮

★ 答案在 149 頁 ★

慶祝孩子健康成長的
日本兒童節

小知識 屋外的黑色鯉魚代表爸爸，紅色代表媽媽，最小的鯉魚就代表孩子。
香港的兒童節是每年4月4日；國際兒童節在每年6月1日。

今天是兒童節！我們會在屋外掛起鯉魚旗，吃柏餅（用稻米做的點心）來慶祝節日。

★ 答案在 149 頁 ★

9

不同之處有 **8個** 中等

穿上可愛的衣服，在黃金周到處遊玩！

我在黃金周期間去了動物園！有很多人來看可愛的熊貓，真的很熱鬧呢！

  日本的黃金周指在4月底至5月初，一年中比較長的連續公眾假期。而中國由1999年也開始實施黃金周。

★ 答案在 149 頁 ★

小知識 「立夏」是中國節氣之一，一般在每年的 5 月 5 日至 7 日之間，表示夏天的開始。天氣開始熱起來，樹林也染上翠綠色。

樹葉開始變得翠綠，夏天臨近了！綠葉成蔭，就算天氣漸熱，也很舒服！

★ 答案在 149 頁 ★

11 今天跟朋友一起遠足，真開心！

 小知識 大家在遠足時，記得要珍惜花草樹木和公共設施。還要保持地方清潔，記得「自己垃圾自己帶走」啊！

請你找出下列的東西！

在大自然的環境中野餐，食物分外美味！

★ 答案在 149 頁 ★

33

12

答謝媽媽的
母親節

不同之處有
9個
困難

不同顏色的康乃馨有不同意思。紅色象徵了對媽媽的愛和祝福她健康長壽；白色代表了尊敬；粉紅色代表感謝。

媽媽，謝謝您的照顧，常常為我們煮美味的菜餚！祝您身體健康，青春常駐！

★ 答案在 149 頁 ★

不同類的是哪個？

油菜花

筆頭菜

櫻餅

竹筍

向日葵

以下 10 種東西之中，有 2 個跟春天沒有關係的，試找找看！

採茶

燕子

鶯

柏餅

紅葉

★ 答案在 150 頁 ★

破碎的相片在哪裏呢？

從1至8的碎片中找出相片中的
4個破碎部分吧！

★ 答案在 150 頁 ★

第 2 章

各種戶外活動等着你！

夏天 的活動

炎炎夏日，到處都舉辦戶外活動！大家快
來參加，一起享受陽光與海灘吧！

夏紀

13 細雨紛飛的 梅雨季 來到了！

不同之處有
5個
容易

 小知識　日本的梅雨季約在5月至7月，期間除了連日下雨、氣溫和濕度也上升，代表夏天到了。梅雨的名字由來是因為這段時候是黃梅成熟之時。

雖然連日下雨，但可以穿上好看的雨衣和水鞋，心情也好起來了！咦，路邊有青蛙！

★ 答案在 150 頁 ★

41

小知識　日本的學校，約於6月左右換夏季校服，10月左右換冬季校服。
而香港則於4、5月左右換夏季校服，12月左右換冬季校服。

炎夏來到，可以把寒衣放進衣櫃裏，把可愛的夏季衣服拿出來了。

★ 答案在 150 頁 ★

15

6月第3個星期日

選哪一個作為 父親節 禮物好呢？

小知識 我們在父親節可以送黃色玫瑰花，向爸爸表達感激之情，和祝他身體健康啊！

送給爸爸的領帶，應該選哪一種顏色好呢？
選擇太多，令我很苦惱呢！

父親節
巡禮

★ 答案在 150 頁 ★

小知識 中國七夕是農曆七月初七，日本七夕則是西曆 7 月 7 日，日本人會在短紙片上寫願望掛到竹枝上，紙片有 5 種顏色，代表不同含義。

我要把願望寫在短冊上，然後掛在竹枝上。
嗯，寫什麼願望好呢？

★ 答案在 150 頁 ★

到海灘好好玩樂，慶祝日本海之日！

  海之日由 1996 年開始成為日本的公眾假期。人們會到海灘游泳或玩水上活動。

在海之日，我們要感謝大海的恩惠，讓我們能吃到各種海鮮。

★ 答案在 151 頁 ★

不同之處有 **8** 個

中等

 每年夏天，日本各地都會舉辦超過 1,000 場的煙花大會！煙花一般會發射至高空約 700 至 750 米，然後綻放出璀璨的圖案！

嘩！煙花又大又漂亮，祭典的小吃又美味！
日本的夏天，真的少不了這樣的盛會！

★ 答案在 151 頁 ★

於日本山之日
走進山林，放鬆身心！

 山之日由 2016 年開始成為日本的公眾假期。設立假期的原意是感謝山林的恩惠，享受山林美景。

夏天的山林翠綠，生機勃勃，你會遇到很多小動物呢！

★ 答案在 151 頁 ★

20 穿起浴衣，於 夏日 祭典 跳「盆舞」♪

小知識 日本的「盂蘭盆節」類似中國的盂蘭節，同樣會祭祀祖先。日本人相信他們祖先的靈魂會在這日子回家，會跳「盆舞」來迎接祖先。

夏日祭典真的很熱鬧！有人打太鼓、吹笛和跳舞，又有小吃攤檔，讓人樂而忘返！

★ 答案在 151 頁 ★

21

你能找到什麼昆蟲？
昆蟲採集

我已經準備好捕蟲網、昆蟲箱等工具了！獨角仙在哪裏呀？

小知識 獨角仙喜歡吸食橡樹的汁液，在橡樹上就會找到牠們。日本小孩喜歡飼養甲蟲，但市民是不可捕捉野生昆蟲的根據香港法例。

★ 答案在 151 頁 ★

 小知識　不論到海灘或游泳池，下水前都不要吃得太飽，還要做好熱身運動。
不要四處亂跑和跳水啊！

游泳池的池水十分涼快，就算天氣怎樣炎熱也暑氣全消！

★ 答案在 151 頁 ★

 小知識 試膽大會是日本的傳統遊戲，多在夏天傍晚至晚上舉行。參加者要嘗試在幽暗和氣氛可怕的地方，測試勇氣。

一個人在陰森的地方行走，弄得我心驚膽顫！嘩——有什麼會出現呢？

★ 答案在 152 頁 ★

小知識 向日葵在開花初期，花蕾會隨太陽升降而轉動方向。近年，香港的新界地區也有種植向日葵花田！

雖然夏天快將完結，但向日葵依然開得燦爛！真不想暑假就這樣完結啊！

★ 答案在 152 頁 ★

不同類的是哪個？

西瓜

風鈴

牽牛花

蒲公英

蟬

以下 10 件東西之中，有 2 件是跟夏天沒有關係的，試找找看！

毛線帽

玉米

螢火蟲

素麵

刨冰

尋找相同的救生圈！

從 1 至 9 的救生圈中，找出跟夏紀手中
相同的救生圈吧！

標準圈

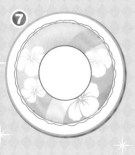

① ② ③ ④ ⑤ ⑥ ⑦ ⑧ ⑨

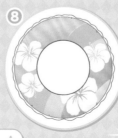

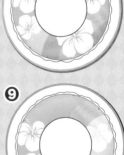

★ 答案在 152 頁 ★

第3章

風和日麗的散步季節！

秋天的活動

炎夏過去，就由我來介紹秋天的活動吧，
秋天是最適宜運動啊！

秋奈

檢查家中避難物資的
日本防災日

小知識　日本位於多條地震帶上，發生大地震的機會相當高，所以家家戶戶日常都會準備食水、食物、保暖衣物等避難物資，也會進行防災演習。

我們平日除了準備好逃生物資外，也要知道避難的準確地點呀！

★ 答案在 152 頁 ★

 中國和日本的中秋節都在農曆八月十五，大概在 9 月中旬至 10 月初，這晚我們會看到又大又圓的月亮。一邊吃月餅，一邊欣賞明月吧！

我吃了湯圓，又吃了月餅，還有很多秋天的時令水果，我的臉快跟月亮一樣圓了！

★ 答案在 152 頁 ★

向長輩表達謝意的
日本敬老日

敬老日由 1948 年已經是日本的公眾假期。而在中國文化裏，人們會
在農曆九月初九重陽節，表達敬老愛老的心意。

我畫了公公和婆婆的肖像圖，送給他們啊！祝他們身體健康！

★ 答案在 153 頁 ★

 秋分是二十四節氣之一，這天的日照時間和夜晚時間幾乎一樣。秋分過後，氣溫和濕度漸漸下降。

秋分之後，氣溫果然開始下降了，記得多穿衣服啊！

答案在 153 頁

小知識 大部分學校都在秋季舉行陸運會，田徑項目有跑步、跳高、跳遠、親子接力賽等比賽，你最擅長哪一項呢？

熾熱的比賽氣氛配上天朗氣清的日子，
在秋天舉行陸運會就最適合不過了！
各位，加油呀！

★ 答案在 153 頁 ★

小知識 番薯原產自中、南美洲，後來傳至中國，再傳至日本。挖番薯時，你只要拔起一根番薯藤，就能收穫好幾個番薯了。

秋天是豐收的季節！農夫們可以收獲到許多美味的蔬果，一起挖番薯吧！

★ 答案在 153 頁 ★

31 藝術在秋季
一起去寫生繪畫吧！

不同之處有 **8**個
中等

小知識 在秋天宜人的天氣下，據說人們的創作力會變高；當地也舉行很多藝術展，讓人們欣賞藝術品，這就是日本人所說的「藝術之秋」。

秋天的風景千變萬化，是繪畫的好題材！嗯，要畫什麼？怎樣畫好呢？

★ 答案在 153 頁 ★

32

不同之處有 **8**個
中等

樂聲四處飄揚的
音樂之秋♪

大家一起演奏樂器，感受管弦樂的氛圍吧！在秋天體驗美妙的音樂，是愉快的享受。

 小知識　秋高氣爽，樂器的聲音會格外清脆悅耳。我們可以盡情演奏樂器，或出席音樂會，這正是日本人所說的「音樂之秋」！

★ 答案在 153 頁 ★

「不給糖就搗蛋」 萬聖節派對！

不同之處有 **9** 個

困難

 在萬聖節的晚上，歐美的孩子會打扮得古靈精怪，結伴到別人家門前說：「Trick or treat（不給糖就搗蛋）」，來收集糖果。

我穿上了可愛小貓咪的服飾。要是不給我糖果，我就會到你家搗蛋喔！

★ 答案在 154 頁 ★

小知識　秋季日本很多樹木因日照時間變短，葉中的色素比例有變，所以綠葉變成紅、黃色。香港在 12 月至 1 月到大棠楓香林等地都能看到紅葉。

楓葉和銀杏葉燦爛，將山脈染成紅色和黃色。
我們去觀賞美景，在紅葉下野餐吧！

答案在 154 頁

穿上傳統和服，慶祝日本七五三節

小知識 這是日本傳統節日，當男孩到了3歲和5歲，女孩到了3歲和7歲，一家人就會到神社或寺廟參拜，慶祝孩子健康成長。

今天是我妹妹過「七五三節」的好日子，我祝她身體健康，生活愉快！

★ 答案在 154 頁 ★

36 熱鬧的酉市

不同之處有 **10** 個
困難

 酉市是日本傳統慶典，已有數百年歷史。由寺院和神社舉辦，多分布在關東地區，祈求生意興隆和財運。

這是耙狀的「熊手」，喻意把好運帶進家門，就像招財貓一樣！選擇哪一款好呢？

★ 答案在 154 頁 ★

不同類的是哪個？

紅梅

橡果實

秋刀魚

稻穗

柿

以下 10 件東西之中，有 2 個是跟秋天沒有關係的，試找找看！

紅蜻蜓

栗子

菇

波斯菊

紫藤花

★ 答案在 154 頁 ★

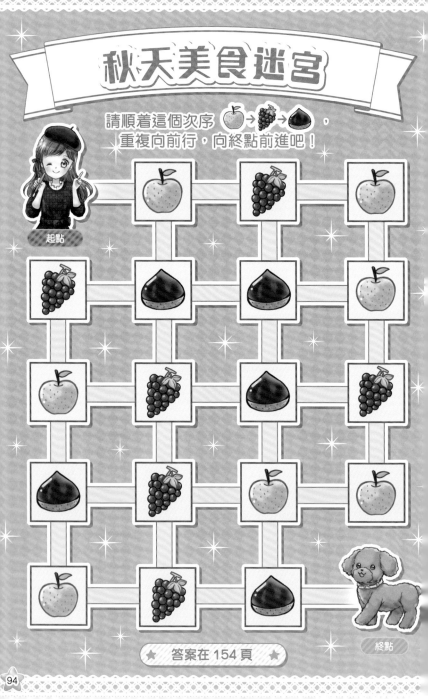

秋天美食迷宮

請順着這個次序 🍎 → 🍇 → 🌰 ，
重複向前行，向終點前進吧！

起點

終點

★ 答案在 154 頁 ★

第4章

冰雪閃閃發光！
冬天的活動

即使天氣寒冷，我也依然充滿活力！這個季節
就由我來介紹令人熱血沸騰的冬天活動啦！

冬美

跟好朋友一起參加聖誕派對！

 聖誕老人住在芬蘭的一個村落裏。來自世界各地的孩子寄給聖誕老人的信，他都會親自回覆。

聖誕蛋糕和火雞真美味！我希望聖誕老人
會送我一個布娃娃，嘻嘻！

★ 答案在 155 頁 ★

38 浪漫閃亮的聖誕燈飾

 冬季的空氣是最少污染物的，這令聖誕燈飾更加美麗可見。而香港的大廈和商場在這時分也會亮起聖誕燈飾，供市民和遊客拍照留念。

這個公園的聖誕燈飾很漂亮啊！好像變成了
童話夢幻世界一樣！

★ 答案在 155 頁 ★

小知識　日本的大掃除日子是在每年的年底，中國的大掃除是在農曆年廿八。打掃時除了用一般清潔劑外，也可以用報紙抹窗，用蘇打粉清潔廚房工具等。

又到一年一度的大掃除，我一定要把家裏打掃得乾乾淨淨，送舊迎新！

★ 答案在 155 頁 ★

小知識 日本傳統上，過新年前，人們會自己在木臼上敲打米團，製成年糕來供奉神明。有些地區組織還會舉行打年糕大會，與眾同樂。

打年糕雖然很累，但是，這樣打出來的年糕，真的特別美味！

★ 答案在 155 頁 ★

這一年你過得快樂嗎？

除夕夜

不同之處有 **6個**

中等

 日本過的是新曆新年，人們會在除夕夜到寺廟聽 108 下鐘聲，或親自敲鐘，忘記那一年的煩惱，祈願來年是一個好年。

大除夕是一年的最後一天，大家都會到附近的寺廟敲響除夕鐘聲！

★ 答案在 155 頁 ★

在元旦吃御節料理，豐盛又吉祥！

 「御節料理」是日本傳統新年菜，會放在一個正方形的三層木盒內。當中的食材各有意思，例如：黑豆代表用功讀書；蝦代表長壽等。

新年快樂！祝大家身體健康！學業進步！
新一年勝過舊年！

★ 答案在 155 頁 ★

日本傳統新年遊戲 板羽球！

 小知識　板羽球是日本傳統的新年遊戲，是使用木板擊打像毽子的羽球，避免讓球落地。讓球落地的一方要被對手用墨水塗花臉啊！

我最擅長玩「板羽球」這個遊戲了！今年的「大花臉」一定不會是我！嘻嘻！

★ 答案在 156 頁 ★

 日本人會在新年到神社參拜，會合十雙手，以「二拜二拍手一拜」形式來祈福。而香港的善信就會在農曆新年到寺廟參拜上香、轉風車等

希望新的一年大家都身體健康，學業進步！

⭐ 答案在 156 頁 ⭐

來一碗祈求身體健康的七草粥

不同之處有
9個

困難

水芹

白蘿蔔

鼠麴草

繁縷

大頭菜

寶蓋草

薺菜

 小知識　日本人在新年吃七草粥這種傳統習慣已經有幾百年的歷史，他們會使用7種於春天最早發芽的蔬菜來煮粥，來清理腸胃。

聽說在新年的第 7 天吃七菜粥，新的一年就
會健康快活！多吃青菜也可使身體健康！

白蘿蔔
水芹
鼠麴草
繁縷
大頭菜
寶蓋草
薺菜

★ 答案在 156 頁 ★

在 日本節分 撒豆，驅除家中惡鬼！

小知識　日本家庭在這天除了在家撒豆驅鬼外，也會向吉利的方向，一邊吃一種叫「惠方卷」的長形壽司卷，一邊在心中許願。

「惡鬼出去，福氣進來！」我們來祈願來年的好運，還要吃跟自己年齡一樣數量的豆啊！

★ 答案在 156 頁 ★

不同之處有
9個
困難

在雪山滑雪，緊張又刺激！

在大型滑雪場滑雪，雖然好玩刺激，但要遵守規則和禮儀，注意安全啊！

小知識 在一些長期冰天雪地的地區，那裏居住的人會養狗來拉雪橇，把貨物或乘客載在雪橇上。

★ 答案在 156 頁 ★

在 情人節，把 巧克力送給好朋友！

 情人節起源自古羅馬時代。到了現代，在美國等地，由男士送花或小飾物給女生；在日本，一般是由女生送巧克力給男生。

我正在製作巧克力，希望收到的朋友會喜歡吧！

★ 答案在 156 頁 ★

不同類的是哪個？

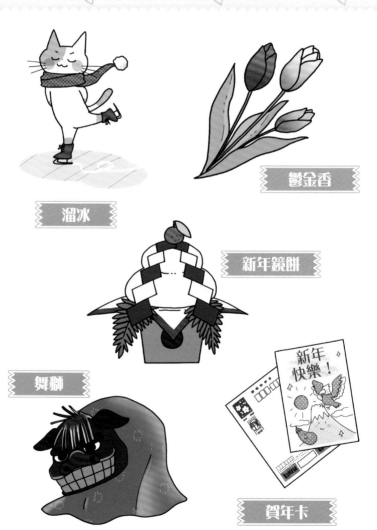

溜冰

鬱金香

新年鏡餅

舞獅

賀年卡

以下 10 件東西之中，有 2 個是跟冬天沒有關係的，試找找看！

利是

新年松竹裝飾

聖誕花環

茶花

酸漿果

★ 答案在 157 頁 ★

求籤畫鬼腳

選擇其中一個求籤筒，然後沿着直線向下走，遇到橫線就轉彎，看看自己的運氣如何吧！

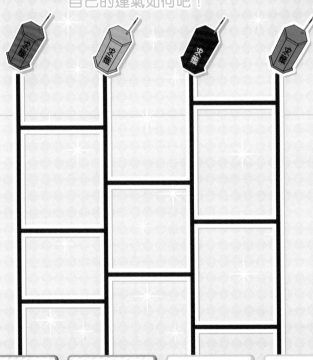

人緣運 大吉

今天的人緣運氣非常好！與不同的人聊聊天，拉近與他們的距離吧！

友情運 大吉

與朋友的關係非常好的一天！今天你們的友情可能會更進一步！

讀書運 大吉

這天的讀書運氣非常好！一向困難的題目，今天說不定能輕鬆解答！

運動運 大吉

運動運氣很好的一天！上體育課時可能會受到眾人注目！

季節服飾穿搭

幸子和奈子這對雙胞胎姊妹將為
大家介紹最適合春天的服飾穿搭！

我喜歡可愛
少女風格！

我喜歡時尚
有型的風格！

幸子

奈子

 小知識　在中國，卯月（卯，粵音牡）代表農曆二月；在日本，卯月代表西曆4月，因為卯花盛開，古時4月也被認為是夏天的開始。

我穿上了碎花連身裙，而奈子穿上了藍色的衞衣，最適合在花間散步！

★ 答案在 157 頁 ★

日本的五月被稱為「皋月」（皋，粵音高），是稻田開始種植的季節。
此外，還有一種說法是因為五月持續下雨，所以被稱為「五月雨月」。

戶外活動時穿休閒工人褲就最適合了！幸子的粉紅色格紋褲也很可愛啊！

★ 答案在 157 頁 ★

穿上 運動服飾，為運動員打氣！

小知識　6月在日本被稱為「水無月」，意思反而是「水之月」。這月份通常雨水較多，象徵這是被水包圍的月份。

看足球比賽，當然要穿運動服飾啦！我穿上蝴蝶結短裙和白色襯衣，變得更可愛！

BALL

DREAM

★ 答案在 157 頁 ★

小知識　日本人在7月的七夕會在短冊寫文字，所以7月被稱為「文月」。這是梅雨後，踏入夏季的時期。

耳環、手鏈、太陽眼鏡等都是夏季的飾物，
而平頂硬草帽當然是夏天必備服飾！

★ 答案在 157 頁 ★

小知識 8月是一年中最炎熱的月份。從這時開始，日本的樹葉會開始變色並飄落，所以稱為「葉月」。

今天我們去了水族館！我穿上橫紋上衣，奈子穿了水手衣領上衣，配上可愛的連身褲。

★ 答案在 158 頁 ★

54

9月（長月）

穿上奪目的服飾，在音樂節引人注目！

不同之處有 **8**個

中等

9月開始變得日短夜長，因此被稱為「長月」。這時候無論早晚都變得涼快，開始有秋天的氣氛了！

參加戶外活動時，服飾要七彩奪目才能吸引到別人注意！頭髮造型也不可缺少啊！

音樂節

★ 答案在 158 頁 ★

可愛格子圖案就是典型的秋天服飾！

不同之處有 **8**個

中等

  10月在日本稱為「神無月」。傳說中，日本全國的神明都會聚集到「出雲大社」，其他地方都沒有神，因此得名。

衣服上的格子圖案顏色比較暗，也讓人感到溫暖，配上畫家帽也很好看啊！

★ 答案在 158 頁 ★

適合散步的服飾
就是校園風！

11月（霜月）

不同之處有

8個

中等

日本的 11 月可以賞紅葉和黃葉。它也稱為「霜月」，因為天氣越來越冷，開始結霜了。

138

我穿了一件針織外套，感覺成熟多了。
奈子就穿了休閒的校園風格！

★ 答案在 158 頁 ★

適合聖誕節派對的華麗服飾！

小知識：日本 12 月稱為「師走」，因為僧侶（稱為「師」）即使平日淡然冷靜，到了年底也會四出奔走，忙於準備年末和新年事項，因此得名。

不論是去派對，還是外出遊玩，都要穿上保暖而美麗的服飾！

★ 答案在 158 頁 ★

小知識 新年時候，親友團聚，大家和親人、朋友和睦地相聚，所以日本人稱1月為「睦月」。

幸子穿了淡黃色的羽絨外套，顯示可愛風格；而我穿了有帽連身裙，較為休閒。當然，保暖是最重要啊！

★ 答案在 159 頁 ★

143

讓你休閒安坐家中的
可愛居家便服！

今天我們兩姊妹在家中吃茶點和閒談，當然是穿上家居便服。我們依然可愛啊！

小知識 2月是一年之中最寒冷的月份，人們要穿着更多衣物，這用語演變成「衣更着」，而日文發音與「如月」一樣，2月就稱為「如月」了。

★ 答案在 159 頁 ★

60

3月（彌生）

不同之處有

10個

困難

3月在日本稱為「彌生」，意思是新生，因花草樹木在這個月生長得茂盛，動物也從冬眠中蘇醒。

幸子選擇穿着日本傳統和服「袴」，我選擇了校園風格的經典西裝外套和格子短裙。

★ 答案在 159 頁 ★

答案頁

第1章　春天的活動

1　第12~13頁

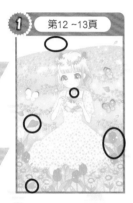

2　第14~15頁

3　第16~17頁

4　第18~19頁

5　第20~21頁

6　第22~23頁

7 第24～25頁

8 第26～27頁

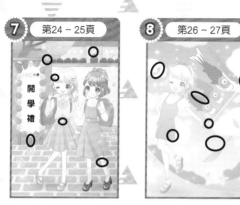

9 第28～29頁

10 第30～31頁

11 第32～33頁

12 第34～35頁

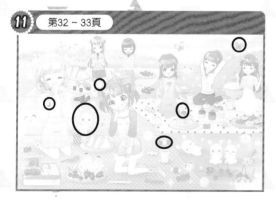

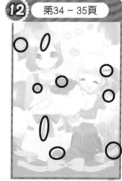

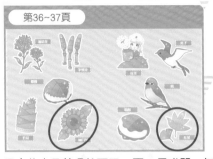

日本的向日葵多於夏天 7 至 9 月盛開；紅葉則於秋天出現。所以這兩種都與春天沒有關係。其餘的部分是在日本象徵了春天的事物。

第2章 夏天的活動

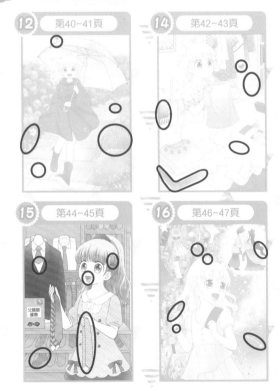

17 第48~49頁

18 第50~51頁

19 第52~53頁

20 第54~55頁

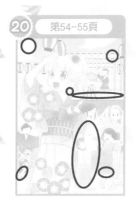

21 第56~57頁

22 第58~59頁

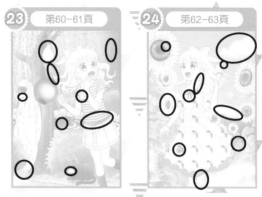

蒲公英的花期是在春天和秋天；毛線帽是冬季的保暖衣物。這兩項都與夏天沒有關係。其餘都是日本象徵夏天的事物。

第3章 秋天的活動

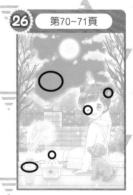

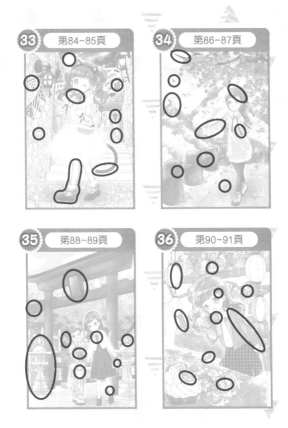

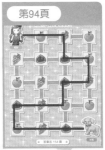

紅梅的花期在冬天末至早春;紫藤花的開花期在春天。這兩項都與秋天沒有關係。其餘都是日本象徵秋天的事物。

第4章 冬天的活動

37 第96~97頁

38 第98~99頁

39 第100~101頁

40 第102~103頁

41 第104~105頁

42 第106~107頁

43 第108~109頁

44 第110~111頁

45 第112~113頁

46 第114~115頁

47 第116~117頁
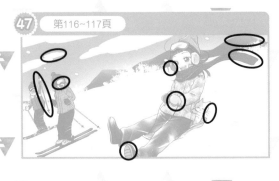

48 第118~119頁

第120~121頁

鬱金香是在春天盛開的花；酸漿果則是在夏天盛產的果實。這兩項都與冬天沒有關係。其餘都是日本象徵冬天的事物。

特別篇　季節服飾穿搭

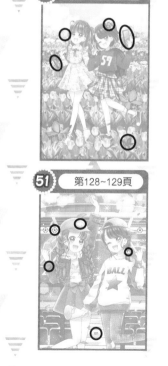

49 第124~125頁

50 第126~127頁

51 第128~129頁

52 第130~131頁

53 第132~133頁

54 第134~135頁

55 第136~137頁

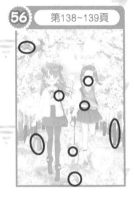

56 第138~139頁

57 第140~141頁

這就是封面和封底摺頁插圖的「找不同」答案了，你找得到嗎？

思維遊戲大挑戰

漫遊春夏秋冬　日本腦力遊戲書

作　　者：朝日新聞出版
繪　　圖：Ochiai Tomomi（第1章）、Kanaki詩織（第2章）、
　　　　　Ousemei（第3章）、菊地Yae（第4章）、
　　　　　星乃屑Alice（第5章）
翻　　譯：亞牛
責任編輯：黃碧玲
美術設計：李成宇
出　　版：新雅文化事業有限公司
　　　　　香港英皇道499號北角工業大廈18樓
　　　　　電話：(852) 2138 7998
　　　　　傳真：(852) 2597 4003
　　　　　網址：http://www.sunya.com.hk
　　　　　電郵：marketing@sunya.com.hk
發　　行：香港聯合書刊物流有限公司
　　　　　香港荃灣德士古道220-248號荃灣工業中心16樓
　　　　　電話：(852) 2150 2100
　　　　　傳真：(852) 2407 3062
　　　　　電郵：info@suplogistics.com.hk
印　　刷：中華商務彩色印刷有限公司
　　　　　香港新界大埔汀麗路36號
版　　次：二〇二四年七月初版

版權所有·不准翻印

部分補充說明非原書內容，而是由新雅文化追加

Original Title: *TOKIMEKI CHIIKU BOOK MACHIGAI SAGASHI TANOSHĪ SHUNKASHŪTŌ*
BY Asahi Shimbun Publications Inc.
Copyright © 2020 Asahi Shimbun Publications Inc.
All rights reserved.
Original Japanese edition published by Asahi Shimbun Publications Inc., Japan
Chinese translation rights in complex characters arranged with Asahi Shimbun
Publications Inc., Japan through BARDON-Chinese Media Agency, Taipei.

ISBN: 978-962-08-8426-9
Traditional Chinese Edition © 2024 Sun Ya Publications (HK) Ltd.
18/F, North Point Industrial Building, 499 King's Road, Hong Kong
Published in Hong Kong SAR, China
Printed in China